BEI GRIN MACHT SICH IHR WISSEN BEZAHLT

- Wir veröffentlichen Ihre Hausarbeit, Bachelor- und Masterarbeit

- Ihr eigenes eBook und Buch - weltweit in allen wichtigen Shops

- Verdienen Sie an jedem Verkauf

Jetzt bei www.GRIN.com hochladen und kostenlos publizieren

Bernd Stummer

Hochwasser an Nord- und Ostsee: Geschichte und Maßnahmen zum Schutz

GRIN Verlag

Bibliografische Information der Deutschen Nationalbibliothek:

Die Deutsche Bibliothek verzeichnet diese Publikation in der Deutschen National-
bibliografie; detaillierte bibliografische Daten sind im Internet über http://dnb.d-
nb.de/ abrufbar.

Dieses Werk sowie alle darin enthaltenen einzelnen Beiträge und Abbildungen
sind urheberrechtlich geschützt. Jede Verwertung, die nicht ausdrücklich vom
Urheberrechtsschutz zugelassen ist, bedarf der vorherigen Zustimmung des Verla-
ges. Das gilt insbesondere für Vervielfältigungen, Bearbeitungen, Übersetzungen,
Mikroverfilmungen, Auswertungen durch Datenbanken und für die Einspeicherung
und Verarbeitung in elektronische Systeme. Alle Rechte, auch die des auszugsweisen
Nachdrucks, der fotomechanischen Wiedergabe (einschließlich Mikrokopie) sowie
der Auswertung durch Datenbanken oder ähnliche Einrichtungen, vorbehalten.

Impressum:

Copyright © 2003 GRIN Verlag GmbH
Druck und Bindung: Books on Demand GmbH, Norderstedt Germany
ISBN: 978-3-638-83099-7

Dieses Buch bei GRIN:

http://www.grin.com/de/e-book/25420/hochwasser-an-nord-und-ostsee-geschichte-
und-massnahmen-zum-schutz

Universität Augsburg
Lehrstuhl für Physische Geographie
Sommersemester 2003
Hauptseminar: Hochwasser
Augsburg im Juni 2003
Vorgelegt von Bernd Stummer

Hochwasser an Nord- und Ostsee

Inhaltsverzeichnis:

Abbildungsverzeichnis:

A. Einleitung und Abgrenzung

Die vergangenen Jahre haben gezeigt, dass Hochwässer Naturereignisse sind mit denen auch wir in Europa leben müssen. Die letzten Hochwässer waren allerdings aus schließlich auf die Flüsse Mitteleuropas begrenzt. Dennoch gibt es auch Hochwässer an den Küsten. Im Wörtherbuch „Allgemeine Geographie" ist Hochwasser wie folgt definiert: „1. im Meer der Hochstand des Wassers bei Flut (…), - 2. allgemein bei Flüssen der Hochstand der Wasserführung, der im Extremfall zu Überschwemmungen führt (…)". (Leser 2001, S. 324) Nach dieser Definition ist also Hochwasser an den Küsten eine tägliche Erscheinung und nichts Gefährliches, an den Flüssen hingegen schon ein Ausnahmefall.

In dieser Arbeit mit dem Titel „Hochwasser an Nord- und Ostsee" sollen nun Ausnahmefälle des Hochwassers an den Küsten besprochen, und Maßnahmen zum Schutz der Küsten vorgestellt werden. Zunächst soll der Begriff Sturmflut geklärt, ihre Ursache erläutert, sowie die Unterschiede zwischen Nord- und Ostseesturmfluten aufgezeigt werden. Anschließend möchte ich auf historische Sturmfluten an Nord- und Ostsee, und speziell auf die Sturmflut in Hamburg 1962 eingehen. Danach werden noch einige Maßnahmen zum Schutz vor Sturmfluten an den Nordseeküsten Deutschlands und den Niederlanden erläutert. Als Abschluss werde ich ein kurzes Fazit über die Sturmfluten allgemein und die Entwicklung des Küstenschutzes ziehen.

B. Sturmflut

Als Sturmfluten werden an den Küsten diejenigen Hochwässer bezeichnet, welche mehr als einen Meter über den mittleren Tidehochwasserstand (MThw) steigen. Diese Ausnahmefälle des Hochwassers an den Küsten (hier Nord- und Ostsee) werden durch verschiedene Faktoren beeinflusst. Die wichtigsten Einflüsse sind meteorologischer, morphologischer und hydrologischer Art.

I. Einflüsse und Entstehen von Sturmfluten

1. Hydrologische Einflüsse

Die hydrologischen Einflüsse lassen sich wiederum in verschiedene Punkte unterteilen. Der erste Punkt ist hierbei zunächst der Gezeiteneinfluss. Dieser wird durch den wechselseitigen Einfluss von Sonne, Mond und Erde hervorgerufen und erzeugt dadurch die sogenannte

Tide. Die Abbildung 1 zeigt hierbei die verschiedenen Konstellationen der Planeten. Bei Neumond und Vollmond addieren sich die Gezeiten von Sonne und Mond und es ergibt sich eine besonders hohe Flut, die sogenannte Springflut. Im ersten und letzten Viertel des Mondes wirken die beiden Gezeiten von Sonne und Mond entgegengesetzt, da sie im rechten Winkel zueinander stehen und es ergibt sich eine besonders niedrige Flut, die Nippflut oder Nipptide. Die Tidedauer an der Nordsee beträgt im Mittel von 12 h und 25 min. Die Amplitude ist an den Küsten größer als im offenen Meer.

Als Folge der unterschiedlichen Höhen von Flut und Ebbe wird ein arithmetisches Mittel aus dem Tidehochwasser und Tideniedrigwasser gebildet, das sogenannte mittlere Tidehochwasser bzw. Niedrigwasser. Diese beiden Werte werden für ein Jahr, fünf oder zehn Jahre gebildet. Die Aufzeichnung des Pegels und somit Grundlage für die Berechnungen erfolgt mit Schreibpegeln und wird dabei auf Normalnull (NN) oder Pegelnull (PN=NN-500cm) bezogen. Für die Sturmflut ist die Höhe der Tide entscheidend, da diese die Sturmflut abmindern oder verstärken kann.

Abbildung 1: Konstellation Sonne, Erde, Mond (Press 1995, S. 14)

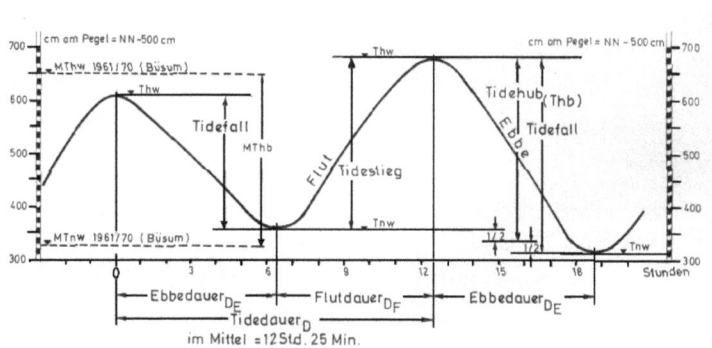

Abb. 7. Schema einer Tidekurve (Wasserstandsganglinie) über eine Zeit von 24 Stunden.

Abbildung 2: Tidekurvenschema (Petersen 1995, S. 377)

Zwei weitere hydrologische Faktoren sind die Wasserführung der Tideflüsse und Eisdecken bzw. Eisschollen auf dem Meer oder in den Tideflüssen, welche die Pegelstände an den Küsten beeinflussen können. Den letzten hydrologischen Faktor bilden die sogenannten Fernwellen aus dem Atlantik. Dies sind Wellen, die durch meteorologische oder tektonische Phänomene verursacht werden und in die Randmeere einlaufen können.

2. Morphologische Einflüsse

Auch das Relief hat Einfluss auf Sturmfluten. So beeinflussen Fjorde oder ein langer enger Flussschlauch die Höhe des Wellenauflaufs. Verstärkt oder abgeschwächt wird die Wirkung noch durch die Windrichtung, je nachdem, ob sie senkrecht oder quer zur Küste ist. Eine glatte Küste oder eine Küste mit vorgelagerten Inseln, Halligen oder Watten beeinflusst den Wellenauflauf ebenfalls, genauso wie eine Flachküste oder felsige Steilküste. Den bedeutendsten Einfluss haben hierbei jedoch trichterförmige oder sich nach innen erweiternde Buchten, sowie die Frage, ob es Entlastungen durch mögliche Überflutungsgebiete und Abdämmungen der Nebenflüsse gibt.

3. Meteorologische Einflüsse

Der meteorologische Einfluss stellt den Haupteinfluss dar, welcher zu Ausnahme-Hochwässern an den Küsten führt. Dabei ist vor allem der Einfluss von Sturmwetterlagen und somit des Windes infolge von Tiefdruckgebieten ausschlaggebend. Sturmwetterlagen entstehen bei großen Luftdruckunterschieden zwischen dem Island-Tief und Südwest-Europa. Dadurch wandern Tiefdruckgebiete mit Zugrichtung W-NW in Richtung Skandinavien. Auf diesem Weg kann sich ein Tiefdruckgebiet zu einem Sturmtief entwickeln.

Die Stürme werden hierbei folgendermaßen klassifiziert:

- Sturm   bei Windstärke 9 Beauford = Windgeschwindigkeit 75-88 km/h
- Schwerer Sturm   bei Windstärke 10 Beauford = Windgeschwindigkeit 89-102 km/h
- Orkan   bei Windstärke 12 Beauford = Windgeschwindigkeit > 118 km/h

Allerdings ist zu beachten, dass nicht jedes Sturmtief eine Sturmflut verursacht.

Die Wirkung eines Sturmtiefs stellt sich wie folgt dar: Der Wind drückt das Wasser durch auflandige Winde gegen die Küsten. Dadurch ergibt sich örtlich ein so genannter Windstau und es entstehen auch kurzperiodische Oberflächenwellen. Die Folge ist, dass das Wasser nicht mehr abfließen kann und teilweise auch die Ebbe ausbleibt, was zu hohen Wasserständen und Überflutungen führen kann. Entscheidend hierbei ist die Dauer, (Zug-)Richtung und

5

Stärke des Sturmtiefs bzw. der Winde. An den deutschen Küsten, der Nordsee und Ostsee, gibt es unterschiedliche Hauptzugbahnen der Sturmtiefs, welche Sturmfluten verursachen. An der Nordsee gibt es drei Hauptzugbahnen der Sturmtiefs: Den Jütlandtyp, Skandinavientyp und den Skagerraktyp (Abbildung 3).

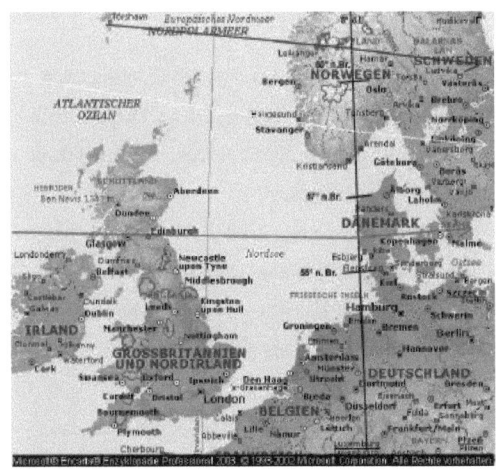

Beim Jütlandtyp (rot) ziehen die Tiefdruckgebiete von Mittelengland her und überqueren den 8. Längengrad in 55-57° n.Br. Dann ziehen sie weiter nach Südschweden, NO oder Osten. Die Tiefdruckgebiete ziehen im Allgemeinen sehr schnell hinweg und verursachen recht kurze, aber starke Sturmfluten. Der Wind weht dabei zunächst aus SW, dreht dann auf West bis Nordwest. Beispiele für diesen Typ sind die Sturmfluten von 1967 sowie 3. Januar 1976.

Abbildung 3: Nordsee mit Sturmtiefzugbahnen (Microsoft Encarta 2003)

Beim Skagerraktyp (gelb) quert das Tief den 8. Längengrad zwischen dem 57. - 60. Breitengrad. Die Zugrichtung ist dabei meist von WNW nach OSO. Es ist aber auch eine W-O oder NW-SO Zugbahn möglich. Die Windrichtung ist Nordwest. Das Gefährliche ist die Tatsache, dass sich die Windrichtung mit dem Einlaufen der Gezeitenwelle aus dem Atlantik addiert und somit die meisten schweren und sehr schweren Sturmfluten verursacht. Dieser Typ kommt auch am häufigsten vor und verursacht länger andauernde und starke Sturmfluten. Außerdem haben vorhergehende westliche Winde den Wasserstand zumeist schon erhöht. Ein Beispiel für diesen Typ ist das frühe Stadium der Hollandsturmflut 1953.

Der Skandinavientyp (blau) kommt am seltensten vor. Allerdings besteht die Gefahr, dass sich diese Stürme festsetzen und somit lange andauern. Sie sind aber nicht ganz so stark wie beim Jütlandtyp. Die Sturmtiefs ziehen meist aus Nordwesten von Island heran und überqueren den 8. Längengrad in 60-65° n.Br. Der Wind weht dabei aus West bis Nordwest. Beispiele für diesen Typ sind die Sturmfluten vom 20.-22. Januar 1976 und die Hamburgsturmflut 1962, welche später noch ausgeführt wird.

An der Ostsee gibt es ebenfalls drei Hauptzugbahnen der Sturmtiefs (Abbildung 4):
Beim ersten Typ (rot) zieht das Tief von Nord bis Nordwest über Nordskandinavien kommend durch die westliche bis südliche Ostsee. Dabei ergeben sich zunächst West bis Südwest Winde, die dann nach Durchzug des Tiefs auf Nordost bis Ost drehen und somit eine Sturmflut an den deutschen Ostseeküsten verursachen können. Diese Zugbahn kommt am häufigsten vor.

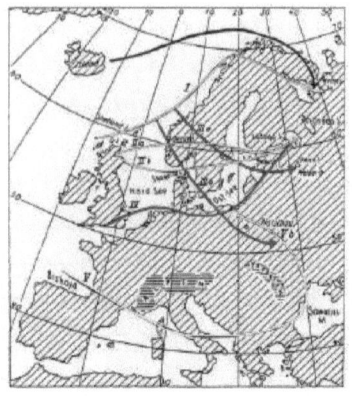

Der zweite Typ (gelb) kommt schon seltener vor und entspricht einer Vb-Wetterlage. Dabei kommt das Tief aus Südost bis Südsüdost und bringt dann Nordost bis Nord Sturm.

Äußerst selten kommt der dritte Typ (grün) vor. Dabei wird ein Tief über Nordskandinavien nach Osten verlagert und es ergibt sich ein Sturm aus Nordöstlicher Richtung auf der Rückseite des Tiefdruckgebietes.

Insgesamt kann sich an der Ostsee ein Windstau von mehr als 3 m über Mittelwasser ergeben.

Abbildung 4: Hauptzugbahnen der Zyklonen über der Ostsee (Kramer 1992, S.509)

Der Aufbau einer Sturmflut an der Ostsee lässt sich dabei in drei Phasen gliedern. Zuerst kommt die so genannte „Füllungsphase", wobei Westwinde das Wasser nach Osten treiben. Die zweite Phase ist die „Rückschwapp- und Auflaufphase". Dabei dreht der Wind auf NO, verstärkt sich und das Ostseewasser schwappt zurück.

Die dritte Phase ist die „Beschleunigungsphase". Hier steigert sich der Nordostwind und der Wasserstand in der westlichen Ostsee steigt rapide an. In dieser Phase wird dann auch der höchste Wasserstand erreicht.

4. Zusammenwirken der Faktoren

Sturmfluten werden durch ein Zusammenspiel aller genannten Faktoren bestimmt, also von morphologischen, hydrologischen und meteorologischen. Ebenso haben diese Einflusse auf die Folgen und somit die Schäden. Dabei ergeben sich jedoch Unterschiede zwischen Nord- und Ostsee.

An der Nordsee wirken alle drei Faktoren. Wenn sich dabei die ungünstigen Bedingungen der Faktoren addieren, kann sich ein extremer Wasserstand einstellen. Dies gilt zum Beispiel für die Sturmfluten 1962 und 1976.

An der Ostsee hingegen wirken fast ausschließlich meteorologische Einflüsse. Die hydrologischen sind recht gering, da die Ostsee so gut wie keine Tide besitzt. Außerdem sind die Buchten weit und es gibt keine so großen Zuflüsse wie an der Nordsee. Die Sturmfluten treten im Allgemeinen seltener auf als an der Nordsee.

II. Einteilung und Auftreten von Sturmfluten

Die Einteilung der Sturmfluten erfolgt nach DIN 4049. Dabei wird der Pegelstand über dem mittleren Tidehochwasser als Grenzwert angegeben:

- leichte Sturmflut   bei < 2 m über MThw
- schwere Sturmflut   2 < x 3 m über MThw
- sehr schwere Sturmflut   bei > 3 m über MThw

Es ist auch noch eine Angabe nach einer Häufigkeitsstatistik, woraus sich eine so genannte „jährliche Überschreitungszahl" ergibt, möglich. Allerdings ist diese weniger anschaulich und soll hier daher nicht näher erläutert werden.

Sturmfluten an den deutschen Küsten treten vor allem im Winterhalbjahr von September bis April auf. Die schweren und sehr schweren Sturmfluten konzentrieren sich allerdings auf die Monate Oktober bis Februar, was vor allem mit den meteorologischen Verhältnissen zusammenhängt. Im Winterhalbjahr ist der Temperaturgegensatz zwischen Polarluft und Atlantikluft am größten und die Frontalzone wird dadurch verstärkt. Folglich ist die Ausbildung stärkerer Tiefdruckgebiete möglich.

III. Historische Sturmfluten

An der Küsten Deutschlands gab es in den letzten Jahrhunderten viele Sturmfluten. Allerdings sind die meisten nur in Chroniken, mündlichen Überlieferungen, ähnlich wie bei Hochwässern an Flüssen, dokumentiert. Erst seit dem 16. Jahrhundert sind dabei Höhenwerte der Scheitelwasserstände und vereinzelt meteorologische Werte aufgezeichnet. Die Tabellen 1 und 2 zeigen markante Sturmfluten an der Nord- und Ostsee und ihre Folgen bzw. Ausmaße:

Tabelle 1: Markante Sturmfluten an der Nordsee

Datum	Name	Folgen, Ausmaße
16.01.1362	2. Marcellusflut = „Große Mandränke	Wasser 2,4 m ü. Deichhöhe, ca. 100 000 Tote
11.12.1634	2. Mandränke	Ca. 9000 Tote, 13 000 Häuser zerstört, 67000 Stück Vieh verendet
24.12.1717	Weihnachtsflut	11 050 Tote, 5000 Häuser zerstört, 3400 beschädigt, 100 000 Stück Vieh verendet
3./4.02.1825	Jahrhundertflut	800 Tote, weite Teile überflutet, 4 m ü. MThw bzw. 5,24 m ü. NN (St. Pauli) bei Springflut
31.01./ 1.02.1953	Hollandflut	2000 Tote, 67 Deichbrüche, 47 000 Stück Vieh tot → Deltaplan für Küstenschutz
16./17.02.1962	Hamburg-Sturmflut	Siehe Punkt C
6.11.- 17.12.1973	Sturmfluthäufung	Kette von 28 Sturmfluten, höchste am 7.12.73 mit Pegel St. Pauli 5,33 m ü. NN = 37 cm unter 1962
3./4.01.1976	Jahrhundertflut	Jütlandtyp, höchster bisher gemessener Wasserstand mit 6,45 Meter über NN Pegel St. Pauli und 75 cm über dem Stand von 1962, keine Toten
24.11.1981	Nordfrieslandflut	Wasserstand St. Pauli 5,81 ü. NN
28.02.1990	Abfolge von Sturm-fluten	Pegel St. Pauli 5,75 m ü. NN

Tabelle 2: Markante Sturmfluten an der Ostsee

Datum	Name	Folgen, Ausmaße
1044, 1304, 1320, 1449	-	Ähnliche Höhen wie 1872
10.02.1625	-	Pegel Travemünde: 3,15 m. ü. MW
10.01.1694	-	Pegel Schleswig: 2,9 m ü. MW
19.12.1835	-	Pegel Flensburg: 2,54 m ü. MW
13.11.1872	Naturkatastrophe: „Jahrtausendereignis"	Pegel Schleswig: 3,49 m. ü. MW, Höchste Sturmflut der Neuzeit, 15 160 Menschen hilfsbedürftig, 2850 Häuser zerstört oder beschädigt, 31 000 ha überflutet
1976, 1986/87, 88, 89	Sturmfluten	Alle mit Wasserständen unter 2 m ü. NN, wenig Schäden, keine Toten

Wichtig ist zu beachten, dass sich die Pegel an Nord- und Ostsee auf unterschiedliche Werte beziehen. An der Nordsee ist das MThw oder NN der Bezugspunkt, das sich aus der Tide ergibt. Da die Ostsee jedoch so gut wie keine Tide besitzt, wird hier der Pegel auf das Mittelwasser (MW) bezogen, welches sich als Mittelwert aus dem höchsten Hochwasser und niedrigsten Niedrigwasser ergibt.

An der Nord- und Ostsee ist gleichermaßen der säkulare Meeresspiegelanstieg zu beachten, was zur Folge hat, dass die Pegelwerte der Jahrhunderte nicht einfach miteinander verglichen werden können. Der säkulare Meeresspiegelanstieg betrug in den vergangenen Jahrhunderten ca. 25 cm pro Jhd. Die Pegel hatten somit unterschiedliche Bezugsniveaus.

C. Hamburger – Sturmflut 1962

Das Sturmflutereignis von 1962 war das schlimmste im 20. Jahrhundert an der deutschen Nordseeküste. Die Sturmflut ist als eine sehr schwere einzuordnen und dauerte vom Vormittag des 16.02. bis zum Nachmittag 17.02.1962.

Die Ursache der Orkanflut vom Skandinavientyp war der Orkan „Vincinette" über der Nord-

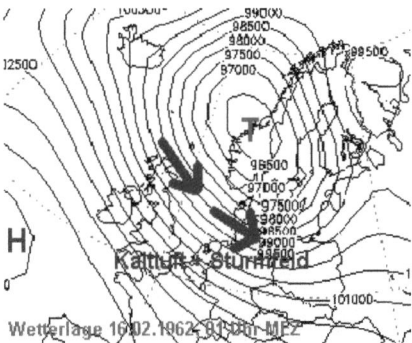

see. Er begann sich bereits aus einem vorhergehenden Tief vom 12.02.62 zu entwickeln und zog dann vom Nordmeer über die Nordsee und Skandinavien zur Ostsee (Abbildung 5). Dabei verursachte es ein Sturmfeld, das die Nordsee und Norddeutschland erfasste und genau in Richtung der Deutschen Bucht und in die Elbemündung blies.

Abbildung 5: Wetterlage am 16.2.62 (NDR-Online, Internet)

Das Sturmfeld an sich hatte keine so hohen Windgeschwindigkeiten, Beauford 10 (= 89-102 km/h), in Böen aber bis Beauford 12 (> 117 km/h). Entscheidend für die schwere der Sturmflut waren aber die lange Dauer und die gleich bleibende Richtung des Sturmes. Zusätzlich kam noch eine Fernwelle aus dem Atlantik hinzu. Die Flut hätte auch noch schlimmer ausgehen können, wenn der Eintritt bei Springtide und nicht gegen Ende der Nippzeit gewesen wäre. Der Wasseranstieg betrug am 16.2. ca. 2,5 Meter in nur 3 Stunden und die Haupttide dauerte 15 anstatt 12,5 Stunden. Außerdem verursachte der Sturm eine erhöhte Vor- und Nachtide, was für eine Sturmflut typisch ist.

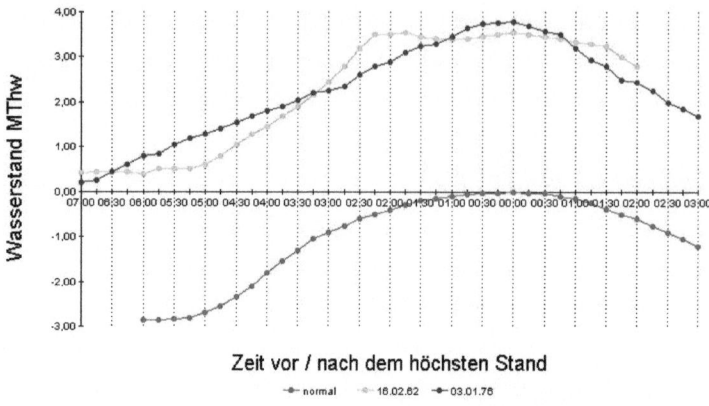

Zeit vor / nach dem höchsten Stand

-●- normal   -○- 16.02.62   -●- 03.01.76

Abbildung 6: Flutkurvenverlauf normal, 1962 und 1976 (NDR Online, Internet)

In der Abbildung 6 sind die Flutkurven der Sturmfluten von 1962 und 1976 dargestellt. Die Flutkurve von 1962 zeigt zwar keine so großen Höhen wie die 1976, aber der Scheitelbereich ist breiter und fülliger mit ca. vier Stunden bei drei Metern über dem MThw. Der sehr hohe Windstau verursachte die bis dahin höchsten je gemessenen Pegel an fast allen Pegelstationen der deutschen Nordseeküste. In Hamburg St. Pauli wurden 5,7 m ü. NN und am Pegel Tönning (Schleswig-Holstein) 3,70 m ü. MThw erreicht.

Die Folgen für die deutsche Nordseeküste und Hamburg waren verheerend. Der hohe Wellenschlag und die lange anhaltende Brandung führten zu Schäden an Deichen und brachten große Überflutungen. 400 km Deich wurden teils schwer beschädigt oder standen kurz vor dem Bruch. 1255 Wohnungen wurden zerstört, 27 000 beschädigt, da ca. 20 % der Stadt Hamburg unter Wasser standen. Insgesamt waren 340 Tote zu beklagen, davon 315 allein im Hamburger Stadtgebiet, wovon die meisten in Willhelmsburg umkamen, das komplett unter Wasser stand. Die Ursache für die vielen Toten in Hamburg war die Tatsache, dass die Menschen nicht damit rechneten, trotz Warnung des Wetter- und Seedienstes, oder diese ignorierten. Die Menschen an Küsten leben dagegen mit Sturmfluten und reagierten zum Teil noch vor der Warnung, da sie sich an vorhergehende Sturmfluten erinnerten. Die meisten Deichbrüche waren in Hamburg (60) und an der Oste (54) zu verzeichnen, was auch die Überschwemmungen in Hamburg erklärt. Ursache für Deichbrüche waren die steile Innenböschungen, die starke Durchwurzelung, falsche Bepflanzung, unzureichende Wartung und die zu geringe Bemessungshöhe der Deiche.

Man lernte aber aus dieser Katastrophe und begann sofort mit der Instandsetzung der Deiche, die bis zum Herbst 1962 fast abgeschlossen war, und der Verbesserung des Küstenschutzes. Dafür wurde ein Generalplan Küstenschutz aufgestellt, der die gesamte deutsche Nordseeküste vor zukünftigen Sturmfluten schützen sollte. Insgesamt wurden von 1962-1973 2,4 Milliarden Deutsche Mark für den Küstenschutz ausgegeben.

D. Küstenschutz

I. Schutzmaßnahmen in Hamburg nach 1962

Der Generalplan Küstenschutz beinhaltete natürlich auch Gelder für den Sturmflutschutz in Hamburg und der Elbemündung. Aufgrund der verheerenden Folgen von 1962 mußten die Hamburger Hochwasserschutzanlagen völlig neu entworfen und gebaut werden.

Beim öffentlichen Hochwasserschutz lag der Bemessungswasserstand nach der Sturmflut 1962 bei 6,70 m ü. NN. Die Deichhöhe wurde unter Berücksichtigung der örtliche Windstau- und Wellenauflaufverhältnisse auf min. 7,20 m ü. NN festgelegt, an besonders gefährdeten Abschnitten auf 9,00 m ü. NN. Die neue Linie des Hochwasserschutzes in Hamburg umfasste rund. 100 km, davon ca. 65 km Erddeich mit Sandkern und begrünter Kleie, 9 km Erddeich mit Asphaltdecke, ca. 26 km massive Hochwasserschutzwände, 6 Sperrwerke an Flüssen, 11 Schöpfwerke, 20 Deichsiele sowie zahlreiche Sperrtore. Ein Beispiel für eine Hochwasserschutzwand im Hamburger Hafen zeigt die Abbildung 7 rechts.

Abbildung 7: Links: Überschwemmtes Hafengebiet bei den Landungsbrücken, rechts: HWS-Wand an den Landungsbrücken Hamburger Hafen (Freie und Hansestadt Hamburg, Internet)

Natürlich wurden auch die Deichprofile verändert. Die Abbildung 8 zeigt die neuen Deichprofile mit den Bedeckungsarten nach 1962. Dabei ist bei allen Deichen die flachere Innenböschung von 1:3 zu erkennen, sowie die ebenfalls abgeflachte Außenböschung mit 1:3 bis 1:12. Außerdem sind die verschiedenen Bedeckungsmöglichkeiten zu erkennen, nämlich Asphaltdecke oder begrünte Kleie. Die Kleiedeckendicke beträgt dabei zwischen 1,0 und 2,0 Metern.

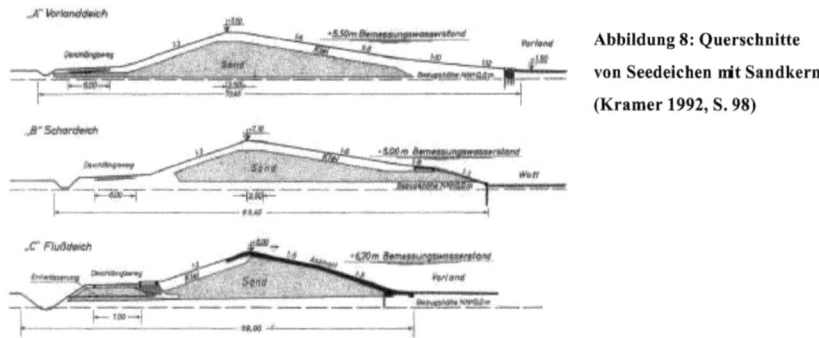

Abbildung 8: Querschnitte
von Seedeichen mit Sandkern
(Kramer 1992, S. 98)

Im Bereich des privaten Hochwasserschutzes wurden zwischen 1976-1983 60 Polder (Hochwasserschutzwände) im Hafengebiet, 100 km Hochwasserschutzwände, Deiche, Warften und vier Sperrwerke errichtet. Da die Elbemarschen so niedrig sind, dass Grundwasser eindringt, ist folglich eine Entwässerung nötig. Somit war der Ausbau der Be- und Entwässerung durch 20 Deichsiele, 11 Schöpfwerke und etliche Hauptentwässerungsgräben ebenfalls Bestandteil des Hochwasserschutzes. Bei allen Baumaßnahmen erhielten die Privatleute Zuschüsse durch die Stadt Hamburg, das Land Hamburg und den Bund.

Wichtig für den Küstenschutz ist auch eine leistungs- und funktionsfähige Deichverteidigung. Dafür wurden bei mehreren Einrichtungen Abteilungen geschaffen oder erweitert: Beim Bundesamt für Seeschifffahrt und Hydrographie wurde der Warndienst verbessert, sowie beim Hamburger Amt für Strom- und Hafenbau ein zweiter Warndienst eingerichtet. Dies lässt einen Vorhersagezeitraum von ca. 9 Stunden zu. Außerdem wurden die „Sturmflutrichtlinie" beim Amt für Inneres und der „Deichverteidigungsplan" bei der Baubehörde erstellt, die zur Personal- und Materialbereitstellung sowie Einsatzplanung dienen. Zusätzlich wurden zentrale und regionale Deichverteidigungsplätze zur Lagerung des Materials eingerichtet. Als Einsätzkräfte stehen die Feuerwehr, das THW, die Deichwacht und im Notfall Bundeswehreinheiten bereit.

Der Hochwasserschutz wurde auch später ständig verbessert. 1985 wurde eine „unabhängige Kommission Sturmfluten" eingesetzt, die eine Verbesserung des Hochwasserschutzes überprüfen sollte. Der Bemessungswasserstand St. Pauli Hamburg lag 1985 bei 6,95 m ü. NN und für 2085 bei 7,25 m ü. NN. Die Kommission empfahl im Abschlußbericht 1989 einen Bemessungswasserstand von 8,50 m ü. NN. Dieser sollte in zwei Stufen erreicht werden. Die erste Stufe wurde sofort mit 7,30 m ü. NN gebaut, die zweite Stufe mit 8,50 m ü. NN sollte später folgen.

II. Hamburger Hochwasserschutz heute

Heute befindet sich der Bau der Hochwasserschutzeinrichtungen in der genannten zweiten Phase. Neben den Sperrwerken, die schon fast alle fertig gestellt sind, werden die Deiche nun weiter erhöht und Schwachstellen ausgebessert, wo das noch nicht geschehen ist.

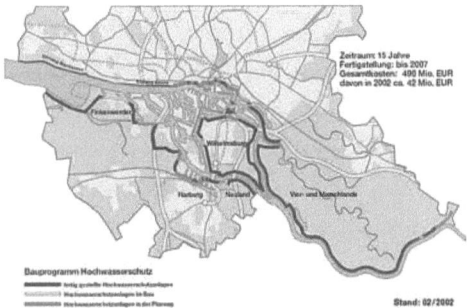

Abbildung 9: Bauprogramm des Hamburger Hochwasserschutzes (Freie und
Hansestadt Hamburg, Internet)

Die Abbildung 9 zeigt das derzeitige Bauprogramm der Stadt Hamburg zum Hochwasserschutz. Die fertig gestellten Bereiche sind dunkel grün, die im Bau befindlichen hell grün und die in Planung stehenden Bereiche in rot dargestellt. Das Bauprogramm soll bis 2007 abgeschlossen sein.

Der Stand des Hochwasserschutzes sieht heute folgendermaßen aus:

Die Deichlinie wurde auf 100 km gestrafft, davon 77,5 km Deiche und 22,5 km Hochwasserschutzwände. Die Deichhöhe wurde auf über 8,00 m ü. NN erweitert bzw. befindet sich im Bau. Die Deiche bzw. Deichprofile wurden verbreitert und in sicherem Abstand zu Bäumen und Häusern nach neuesten grundbau-technischen Regeln maschinell gebaut. Ein leistungsfähiges und computergestütztes Frühwarnsystem wurde eingerichtet, sowie regelmäßige Informationsveranstaltungen über die Gefahren von Sturmfluten etabliert. Außerdem wurde eine leistungsfähige zentrale Deichverteidigung auf Grundlage eines durchgehenden, separaten Systems von Deichverteidigungsstraßen aufgebaut.

III. Niederlande – Der Deltaplan

Die Niederlande gelten seit einigen Jahrzehnten als weltweiter Vorreiter im Bereich des Küstenschutzes. Und dies nicht erst seit der Hollandflut 1953. Allerdings war diese der Auslöser für eines der größten Küstenschutzprojekte weltweit, den Deltaplan. Dieser wurde nach 1953 verabschiedet und soll der gesamten Südwestküste der Niederlande durch Sperrwerke und Dämme erhöhte Sicherheit vor Sturmfluten und Überschwemmungen bringen. Der Geldaufwand beläuft sich auf ca. 4,5 Mrd. Euro für die knapp 50 Jahre Bauzeit. Als Bemessungswasserstand wurde der Wasserstand des Sturmflutscheitels von 1953 plus einen Meter genommen. Neben dem Hauptziel der Sicherheit wurde auch noch auf die Schaffung von Süßwasserflächen für die Landwirtschaft und die Trinkwassernutzung, sowie auf den Bau von Verkehrsverbindungen durch Brücken Wert gelegt. Bemerkenswerte und berühmte Projekte des Deltaplans sind das Osterschelde Abschlusswehr und das vor wenigen Jahren fertig gestellte Maesland – Sperrwerk am Nieuwe Waterweg nahe Rotterdam.

Das Osterschelde Wehr (Abbildung links) in Seeland, Südwest-Niederlande, besteht aus ca. 60 gewaltigen Betonpfeilern, die 40 Meter tief verankert wurden und dazwischen liegenden Stahlschützen. Diese können bei Bedarf heruntergelassen werden und schließen somit den Meeresbereich ab.

Abbildung 10: Osterscheldewehr (G.O. – Wissen Online, Internet)

Das Sturmflutwehr am Nieuwe Waterweg ist das letzte Glied im Deltaplan. Es wurde 1991 mit dem Bau begonnen und das Sperrwerk ist 1997 in Betrieb gegangen. Das Maesland Sperrwerk dient dazu die Stadt und den Hafen von Rotterdam vor Sturmfluten und Überschwemmungen zu schützen. Wichtig dabei war, ein bewegliches Sperrwerk zu errichten um die Schifffahrt nicht zu behindern, aber dennoch den gewünschten Schutz zu gewährleisten. Da es voraussichtlich nur alle 5-10 Jahre benötigt werden wird, musste es in einem Trockendock gelagert werden, da es sonst zu schwierig zu warten wäre und auch korrodieren würde. Das Sperrwerk besteht, wie aus der Abbildung 11 ersichtlich ist, aus zwei drehbaren, halbrun-

den und hohlen Segmenttoren. Diese sind je 246 m breit und 22 m hoch. Die Länge der stählernen Arme beträgt 250 m mit einem Durchmesser der Gestänge von 1,8 m.

Abbildung 11: Maesland-Sperrwerk (Universität Karlsruhe, Internet)

Die beiden Arme sind auf je einem Kugelgelenk gelagert, welche einen Durchmesser von 10 m haben. Die Kugellager sitzen wiederum auf je einem dreieckigen 52 000 Tonnen schweren Betonblock mit der Fläche eines Fußballfeldes. Jeder der beiden Arme wiegt selbst 15 000 Tonnen. Und so funktioniert das „Ungetüm". Ein Computer berechnet anhand von Wassertiefe des Rheins und der Maas und der Hochwasservorhersage den zu erwartenden Wasserstand. Dann übernimmt er im Falle einer erwarteten Sturmflut die Steuerung der Tore. Dabei werden zuerst die Trockendocks mit Wasser gefüllt, so dass die Arme zu schwimmen beginnen. Dann können sie in den Fluss gedreht werden. Haben diese ihre Position erreicht, werden ihre Hohlkammern mit Wasser gefüllt und sie senken sich ab. Dies geschieht solange bis sie einen Meter über Grund sind, der betoniert ist. Durch den verkleinerten Durchfluss wird die Fließgeschwindigkeit erhöht und Schlickablagerungen werden weggespült. Dann werden die Tore komplett gefüllt und der Fluss ist abgeschlossen. Die ganze Prozedur dauert ca. 2,5 Stunden.

Sind die Tore geschlossen, analysiert der Computer mit Hilfe von meteorologischen und hydrographischen Daten, ob die Tore geschlossen bleiben müssen. Für das Öffnen werden die Arme leer gepumpt, schwimmen auf und können dann wieder eingefahren werden. Zum Schluss werden die Trockendocks leer gepumpt. Wenn die Tore geschlossen sind, ist die Schifffahrt blockiert. Daher informiert die Hafenbehörde auch vier Stunden vor der Schließung die Schifffahrt. Daraufhin können die Schiffe noch 2 Stunden das Wehr passieren.

E. Schlußbetrachtung

In diesem letzten Kapitel möchte ich ein kurzes Fazit zur vergangenen und zukünftigen Entwicklung der Sturmfluten und des Küstenschutzes ziehen. Wie wir aus den bisher aufgezeichneten Sturmfluten an Nord- und Ostsee sehen können, gab es schon immer Sturmfluten an den Küsten. Das häufigere Auftreten mit größeren Höhen in den letzten Jahrzehnten bzw. Jahrhunderten können wir aus den bisherigen Aufzeichnungen nicht hinreichend bestätigen, da die Zeitreihen zu kurz bzw. die Daten zu ungenau sind. Die Gefahr für den Menschen hat allerdings mit der Zeit zugenommen, da er immer wieder versucht hat dem Meer mehr Land abzugewinnen. Infolge dessen hat der Mensch gelernt sich immer besser an den Küsten gegen das Meer zu verteidigen. Speziell in den letzten Jahrzehnten haben auch schwere oder sehr schwere Sturmfluten nur noch vereinzelt Todesopfer gefordert. Dieser Umstand geht eindeutig auf den technischen Fortschritt zurück, der es mittels Satelliten, Meeresbojen und Schutzbauten ermöglicht, Gefahren frühzeitig zu erkennen und die Menschen zu schützen. Die Vorhersage ist zwar noch nicht vollständig ausgereift, aber sie wird ständig weiterentwickelt. Die Schutzbauten in Hamburg, der deutschen Nordseeküste und in den Niederlanden sollten einen zuverlässigen und ausreichenden Schutz für die nächsten Jahrzehnte bieten.

Allerdings ist zu bedenken, dass durch ein Zusammentreffen vieler ungünstiger Einflussfakto-ren, durchaus eine Sturmflut eintreten kann, die bisher nicht denkbar war. Mit der Verbesse-rung der Warnsysteme und Schutzeinrichtungen sollten allerdings Katastrophen wie 1953 in den Niederlanden und in Hamburg 1962 vermieden werden können. Ein gutes Beispiel hierfür ist die Sturmflut von 1976, bei der trotz höherer Scheitelwasserstände als 1962 keine Todes-opfer und nur geringe Schäden zu beklagen waren.

Dennoch gilt es auch weiterhin den Menschen an den Küsten und auch im Hinterland die Ge-fahr von Sturmfluten in Erinnerung zu rufen.

Also, denke an die nächste Flut!

F. Literaturverzeichnis

- KRAMER, J. (1967): Sturmflut 1962. – Arbeitsgemeinschaft der Sparkassen Ostfrieslands und Oldenburgs, 144 S., Norden

- KRAMER, J. (1992): Historischer Küstenschutz. – Verlag Konrad Wittwer, 567 S., Stuttgart

- LESER, H. (Hrsg., 2001): Wörterbuch Allgemeine Geographie. – Westermann Deutscher Taschenbuch Verlag, 1037 S., München – Braunschweig

- Meijer, H., Informations- und Dokumentationszentrum für die Geographie der Niederlande (1978): Der Südwesten der Niederlande. – Ministerium für Auswärtige Angelegenheiten, 60 S., Den Haag

- MICROSOFT ENCARTA ENZYKLOPÄDIE STANDARD 2003

- PETERSEN, M. u. H. ROHDE (1979): Sturmflut – Die großen Fluten an den Küsten Schleswig-Holsteins und in der Elbe. – Karl Wachholtz Verlag, 148 S., Neumünster

- PRESS, F. u. R. SIEVER (1995): Allgemeine Geologie – Eine Einführung. – Spektrum Akademischer Verlag, 602 S., Heidelberg

G. Internetquellen

(Stand aller Seiten 15.06.03)

- FREIE UND HANSESTADT HAMBURG: BEHÖRDE FÜR BAU UND VERKEHR
  http://fhh.hamburg.de/stadt/Aktuell/behoerden/bau-verkehr/themen/hochwasserschutz/start.html
- G.O. - WISSEN ONLINE
  http://www.g-o.de/geo bin/frameset.pl?id=00001&frame1=titelgo.htm
  &frame2=menue04.htm&frame3=kap4b/40de0063.htm
- GESELLSCHAFT FÜR SCHLESWIG-HOLSTEINISCHE GESCHICHTE
  http://www.geschichte.schleswig-holstein.de/vonabisz/strumflut.htm
- LEXIKON WASSER
  http://lexikon.wasser.de
- MINISTERIUM FÜR VERKEHR, WASSERWIRTSCHAFT UND ÖFFENTLICHE ARBEITEN NIEDERLANDE
  http://www.minvenw.nl/cend/dvo/international/deutsch/pressemitteilungen/du0597.html#Schwimmendes
- NDR – ONLINE – VOR 40 JAHREN
  http://www.ndr.de/ndr/regional/hh/thema/sturmflut1962
- STADT CUXHAFEN
  http://www.cuxhafen-fotos.de/cux1963/web.htm
- THOMAS SAEVERT
  http://www.saevert.de/sturmfl.htm
- UNIVERSITÄT KARLSRUHE
  http://www.ifh-nn.bau-verm.uni-karlsruhe.de/nl-99/berichte/02/bericht02.html
- WELT DER WUNDER – PROSIEBEN - BOLLWERK GEGEN STURMFLUT
  http://wdw.prosieben.de/archiv/2002/11/wdw/Natur/Naturgewalten/BollwerkGegenSturmflut